TABLES MÉTHODIQUES

DES

MAMMIFÈRES ET DES OISEAUX

OBSERVÉS

DANS LE DÉPARTEMENT DE LA HAUTE-GARONNE,

Par PHILIPPE *PICOT-LAPEYROUSE*,
Membre de l'Institut national, Professeur d'Histoire naturelle à l'Ecole centrale ;

IMPRIMÉES PAR ORDRE DE L'ADMINISTRATION DU DÉPARTEMENT DE LA HAUTE-GARONNE :

A l'usage des Élèves de l'École centrale.

A TOULOUSE,
De l'Imprimerie de Veuve DOULADOURE.

AN VII.

AVERTISSEMENT.

Mes études d'histoire naturelle ont eu pour objet principal la recherche et la connaissance des productions des Pyrénées. La collection en tout genre que j'en ai formée, est la plus considérable et la moins incomplète qui ait existé jusqu'à présent. Toute l'étendue de cette grande chaîne, que j'ai parcourue pendant trente ans, devait me fournir les matériaux de son histoire. Le désir de répéter plusieurs observations, d'en faire de nouvelles, de remplir les lacunes que leur série me présente, de n'offrir à mes concitoyens que des faits piquans, plus encore par leur certitude que par leur nouveauté ou leur variété, a retardé la publication de mon travail. Un grand nombre de mémoires épars dans divers recueils, un traité sur les forges des Pyrénées, la description de quelques familles de corps marins pétrifiés, et la première livraison de la *Flore* si intéressante de ces riches montagnes : voilà tout ce que j'ai livré à l'impression.

La nouvelle division du territoire de la République a, pour ainsi dire, morcelé la chaîne des Pyrénées, et l'a distribuée entre plusieurs départemens. Celui de la Haute-Garonne a obtenu dans ses enclaves une des portions la plus instructive et la moins connue de ces montagnes. Elle est bornée à l'ouest par le département des Hautes-Pyrénées, et à l'est par celui de l'Ariége.

Des événemens qui me sont personnels, avaient dirigé pendant long-temps mes re-

a 2

cherches, précisément sur cette partie des Pyrénées. C'est celle que j'ai fouillée et étudiée avec le plus de soin et de loisir. Je me félicite aujourd'hui de cette prédilection presque fortuite, puisqu'elle peut être utile à mes disciples. Ce qui n'était autrefois en moi que l'effet d'un attrait dominant, est devenu un devoir de rigueur. En me chargeant de l'enseignement de l'histoire naturelle dans l'Ecole centrale de la Haute-Garonne, j'ai contracté l'obligation de faire connaître les productions naturelles dont il abonde, et de fournir ainsi mon contingent à l'histoire naturelle générale de la République.

La zoologie fixa long-temps mon attention. Des observations opiniâtres et assidues, des hasards heureux m'ont présenté des faits piquans, et des animaux peu, point, ou mal connus. J'ai trouvé des espèces inédites ; j'ai débrouillé autant que je l'ai pu la confusion qui régnait dans la nomenclature et l'histoire de plusieurs ; et ce qui n'est pas moins important dans le règne organique, j'ai réduit plusieurs espèces à une seule, d'après l'autorité des faits et de l'observation.

Quelques parties de ce travail sont déjà connues. Les Mémoires de la ci-devant Académie des Sciences de Toulouse, ceux de Stockholm, le Journal de Physique, renferment plusieurs de mes Mémoires sur cette matière. J'avais fourni à Mauduyt, Auteur du Dictionnaire d'Ornithologie, un grand nombre d'articles, qu'il a insérés dans l'Encyclopédie méthodique. Enfin le corps d'ouvrage lui-même est terminé, et sa publication n'attend qu'un éditeur.

Quoique l'Histoire des Mammifères et des

Oiseaux du département de la Haute-Garonne existe et qu'elle m'appartienne, je me trouve dans l'impuissance de la mettre dans les mains de mes disciples pour le cours de zoologie que je fais cette année. Afin de le leur rendre plus profitable, et de les faire jouir autant qu'il est en moi du fruit de mes travaux, j'ai extrait de l'ouvrage les espèces qu'il renferme et que j'ai observées dans ce département : je les ai disposées suivant l'ordre qui m'a paru le plus naturel.

Je les présente et les consacre, sous la forme de *tables méthodiques*, à cette jeunesse républicaine dont je ne saurais assez louer le concours et l'assiduité à mes leçons, le désir de s'instruire, et le goût marqué pour toutes les merveilles de la nature. Ces tables n'eussent été qu'un catalogue aride et décharné, si, à la distribution méthodique des espèces, je n'eusse joint les caractères essentiels des ordres ou familles, et ceux des espèces elles-mêmes. Les discussions critiques, les détails sur les mœurs, les habitudes, les descriptions, ne peuvent trouver place dans un extrait, mais il suffit pour soulager la mémoire de mes auditeurs, pour ne pas les obliger de partager leur attention, et pour les aider à saisir le développement que je donnerai verbalement sur chaque espèce.

J'ai long-temps conservé les dépouilles des animaux que j'ai observés ; je n'ai jamais autant regretté leur perte que dans ce moment. En même temps que je recueillais des notes sur l'organisation, les caractères, les mœurs, les habitudes de ces animaux, je les faisais peindre sous mes yeux d'après nature. Ces images fidelles remplaceront autant qu'il est possible les sujets eux-mêmes de la démonstration.

Ceux de mes auditeurs qui ne se proposent d'acquérir qu'une connaissance élémentaire des corps créés, et quelques notions des espèces qu'ils pourront rencontrer le plus ordinairement, se serviront avec avantage de ces tables, puisqu'elles fournissent des caractères suffisans pour distinguer les familles et déterminer les espèces.

Ceux à qui un goût plus particulier pour cette science aimable inspirera le désir d'approfondir ce qu'on ne peut qu'indiquer ou ébaucher dans des leçons, pourront aussi retirer une grande utilité de ces tables. Comme j'ai employé la nomenclature de Buffon, ils pourront à chaque article consulter celui de cet illustre Ecrivain, et sa planche enluminée correspondante que j'ai eu soin de citer. La nomenclature systématique de *Linnœus* que je n'ai point omise, aura un autre avantage. Elle les accoutumera au laconisme et à l'intelligence de la langue des caractères, qui ne constitue pas la science, il est vrai, mais dont elle ne peut se passer, et qui n'est regardée avec le sourire du dédain que de la part de ceux qui ne l'entendent pas, ou qui ont trop légèrement effleuré la surface de la science pour avoir pu connaître toute l'importance des services que cette langue lui a rendus. Ces deux grands hommes ont rapporté sous chaque espèce une synonymie plus ou moins complète. En l'étudiant, on apprendra l'histoire de la science, on se familiarisera avec les Naturalistes célèbres qui l'ont agrandie, on connaîtra non-seulement les figures qui ont été publiées de chaque espèce, mais encore sa description, son anatomie, en un mot tout ce qui a été écrit sur chacune.

Celles qui me sont propres, je les ai désignées par mon nom; j'ai cité les figures qui les représentent dans l'ordre des numéros qu'elles auront dans mon ouvrage lorsqu'il sera imprimé. J'ai indiqué les recueils dans lesquels j'ai consigné les détails historiques de plusieurs espèces. Enfin cet extrait présente le tableau des mammifères et des oiseaux du département de la Haute-Garonne. Il est possible, il est probable même que quelques espèces aient échappé à mes recherches, mais du moins est-il certain qu'il n'en est aucune de celles que j'énumère que je n'aye observé avec toute l'attention dont je suis capable.

Puissent mes efforts constans répandre le goût d'une science qui offre à l'homme de si grands avantages, et lui procure de si douces jouissances! puissent mes disciples puiser dans l'étude de la nature cette douceur de mœurs, cette bienfaisance universelle qu'elle inspire, ce sentiment profond d'horreur pour le vice, d'amour et de respect pour l'ordre et la vertu, sans lesquels il ne peut existe ni paix ni bonheur dans la société!

Ph.e PICOT.

A Lapeyrouse, *le 1.er frimaire, an VII de la République.*

EXPLICATION DES ABRÉVIATIONS.

BRISS.	Ornithologie, par BRISSON.
BUFF. DAUB.	Histoire naturelle, générale et particulière, par BUFFON et DAUBENTON.
EDW.	Histoire naturelle de divers oiseaux, traduite de l'anglais, par George EDWARDS; et Glanures, par le même. Fig. enluminées.
ENC. MÉTH.	Encyclopédie méthodique ou par ordre de matières. Ornithologie, par MAUDUYT.
FRISCH.	Cabinet d'oiseaux, par J. Léonard FRISCH, en allemand. Figures enluminées.
JOUR. PHYS.	Journal de Physique et d'Histoire naturelle.
LIN.	*Caroli LINNÉ systema naturæ. Editio* XIII.
MÉM. de STOCK.	Mémoires de l'académie de Stockholm, trimestre d'avril 1782.
MÉM. de TOUL.	Mémoires de l'académie des Sciences de Toulouse.
MUS. CARLS.	*Andreæ SPARRMAN Musæum Carlsonianum.* Figures enluminées.
PIC. PYRÉN.	Recherches sur la Zoologie des Pyrénées, par Philippe PICOT. Figures enluminées.... Ouvrage inédit.
PL. ENL.	Planches enluminées de BUFFON.
*	L'Astérisque désigne les espèces qui ne se trouvent que dans les montagnes.

QUADRUPÈDES VIVIPARES,

OU

MAMMIFÈRES.

§. I.er

MAMMIFÈRES CARNASSIERS.

Ont des dents incisives, canines et molaires.... Des doigts munis d'ongles sans sabots..... Le pouce de devant point séparé ni opposable aux autres doigts.

A. MAMMIFÈRES CARNASSIERS, VOLANS.

Mains palmées par une membranc qui ceint le corps.

LES CHAUVE-SOURIS.

Les bras, les avant-bras et sur-tout les quatre doigts très-alongés..... La membrane fine qui les recouvre forme une véritable aile..... Deux mamelles à la poitrine..... Point de cœcum.

1. L'OREILLARD. Daub. *Vespertilio auritus.* Lin. Oreilles aussi grandes que le corps.

2. LA CHAUVE-SOURIS. *Vesp. murinus.* Lin. Oreilles grandes comme la tête.

3. LA NOCTULE. Daub. *Vesp. noctula.* Lin. Oreilles triangulaires, courtes.

B. MAMMIFÈRES CARNASSIERS.

Appuient la plante entière des pieds à terre. Plantigrades.

Allure lente et rampante..... Vie triste et nocturne..... Point de cœcum.

LES HERISSONS.

LE HÉRISSON. *Erinaceus Europæus.* LIN.
Corps couvert de piquans..... Membres courts.....
Museau pointu..... Queue presque nulle.

LES MUSARAIGNES.

Nos Musaraignes ont les deux incisives intermédiaires d'en bas longues et couchées en avant, la queue quarrée.

1. LA MUSARAIGNE. *Sorex mus-araneus.* LIN.
Corps cendré.

2. LA MUSARAIGNE *d'eau.* DAUB. *Sorex fodiens.*
Corps noirâtre..... Pieds bordés de poils roides.....
Oreilles entièrement fermées par un lobe.

LES TAUPES.

LA TAUPE. *Talpa Europæa.* LIN.

* ——— fauve. *Var.* PIC..... Pyrén. Pl. I.
Six incisives en haut, huit en bas, plus courtes que les canines..... Museau long et mobile.....
Mains très-larges armées d'ongles plats.

Se trouve jusque sur les crêtes les plus élevées des Pyrénées, au milieu des glaciers.

LES OURS.

* 1. { L'OURS noir, ou frugivore. / ——— brun, ou carnassier. } *Ursus arctos.* LIN.
Corps trapu, membres épais, queue très-courte,

une très-petite dent derrière chaque canine, puis un vide jusqu'aux molaires.

La différence dans l'appétit semble indiquer diversité d'espèces.

1. LE BLAIREAU. *Ursus meles.* LIN.
Jambes plus basses que les Ours..... Queue plus longue..... Point de lacune entre les canines et les molaires.

C. MAMMIFÈRES CARNASSIERS.

Ne marchant que sur le bout des doigts. Molaires aiguës et tranchantes.

LES MARTES.

Corps alongé, bas sur les jambes..... Deux vésicules près de l'anus..... Odeur forte et pénétrante.

1. LA LOUTRE ordinaire. *Mustela lutra.* LIN.
Pieds palmés.

2. LA BELETTE. *Must. vulgaris.* LIN.
Roux uniforme.

* 3. { L'HERMINE et LE ROSELET. } *Must. erminea.* LIN.
Bout de la queue noire.

4. LA FOUINE. *Must. foïna.* LIN.
Tache blanche sous la gorge ; habite dans les maisons.

* 5. LA MARTE. *Must. martes.* LIN.
Tache de la gorge jaune. Habite dans les bois des montagnes..... Plus forte que la Fouïne.

6. LE PUTOIS. *Must. putorius.* LIN.
Taches blanches à la tête..... Flancs jaunâtres.....
Odeur très-fétide.

LES CHATS.

Ongles rétractiles..... Museau court et rond..... Six petites incisives égales, canines grandes, molaires à trois pointes tranchantes.

* 1. LE LYNX. *Felis lynx.* Lin.
Queue très-courte..... Pinceaux de poil à l'extrémité des oreilles..... *Devient très-rare.*

* 2. LE CHAT sauvage. *Felis catus.* Lin.
Gris, lignes noirâtres sur les épaules et les flancs. Dans les bois des montagnes.

LES CHIENS.

Point de griffes..... Molaires nombreuses..... Incisives latérales échancrées.

1. { LE CHIEN. / * LE MATIN. } *Canis familiaris.* Lin.
Museau long et gros, poil fort..... Haute stature.

2. LE LOUP. *Canis lupus.* Lin.
Pélage gris..... Queue et oreilles droites.

3. LE RENARD. *Canis vulpes.* Lin.
Queue en massue..... Répand une odeur fétide.... Habite dans une tanière.

LES CIVETTES.

Tête longue..... Ongles subrétractiles..... Poche ou sillon odoriférant sous l'anus.

* LA GENETTE. *Viverra genetta.* Lin.
Poil d'un brun fauve taché de noir..... Queue annelée..... Sillon odorant.

§. I I.

MAMMIFÈRES RONGEURS.

Sans dents canines.

Deux très-longues incisives à chaque mâchoire..... Grand intervalle entre elles et les molaires..... Train de derrière plus haut que celui de devant..... Cœcum plus volumineux que l'estomac.

LES LIÈVRES.

Incisives supérieures doubles.

1. LE LIEVRE. *Lepus timidus.* Lin.

* ——— fauve. *Var.*
Oreilles noires à la pointe..... Queue noire en dessus, blanche en dessous.

2. LE LAPIN. *Lepus cuniculus.* Lin.
Plus petit..... Queue et oreilles plus courtes.

LES ECUREUILS.

Deux incisives inférieures comprimées par les côtés..... Queue longue à poils distiques.

* L'ÉCUREUIL commun. *Sciurus vulgaris.* Lin.
Pinceaux de poils à l'extrémité des oreilles.

LES RATS.

A. *Les Campagnols.*

Molaires sillonnées sur leurs couronnes et leurs côtés..... Queue médiocre avec quelques poils courts.... Oreilles courtes.

1. LE CAMPAGNOL. *Mus arvalis.* Lin.
Gris roussâtre..... Queue plus courte que le corps.

2. LE RAT d'eau. *Mus amphibius.* Lin.
Gris noirâtre..... Queue longue comme le corps.

B. *Rats proprement dits.*

Molaires légèrement échancrées..... Queue longue et écailleuse.

3. LE RAT ordinaire. *Mus rattus.* LIN.
Noirâtre.

——— blanc, parties nues, rose vif. *Var.*

4. LE SURMULOT. *Mus decumanus.*
Roussâtre.

5. LA SOURIS. *Mus musculus.* LIN.
Petite, grise..... Queue longue.

6. LE MULOT. *Mus sylvaticus.* LIN.
Roux brun..... Yeux gros, saillans.

C. *Les Loirs.*

Queue longue, touffue..... Pieds presque égaux.

7. LE LOIR. *Mus glis.*
Grand. Fauve. Queue entièrement touffue.

8. LE LEROT. *Mus quercinus.* LIN.
Gris, blanc en dessous; bande noire au travers des yeux..... Pinceau au bout de la queue..... *Destructeur des espaliers.*

9. LE MUSCARDIN. *Mus avellanarius.* LIN.
Petit comme la Souris..... D'un fauve vif.

§. III.

MAMMIFÈRES A SABOTS.

Ont plus de deux sabots à chaque pied.

Extrémité des doigts enveloppée dans un sabot de corne.

LES COCHONS.

Quatre doigts à chaque pied, les deux intermédiaires seuls touchent la terre..... Museau en forme de boutoir..... Dents canines sortent de la bouche.

{ * LE SANGLIER.
—— LE COCHON. *Var.* } *Sus scrofa.* LIN.

Le Sanglier. Noirâtre..... Corps trapu.... Tête grosse..... Oreilles droites..... Défenses plus longues.

§. IV.

MAMMIFÈRES RUMINANS.

Huit incisives en bas, bourrelet calleux en haut..... Quatre estomacs..... Deux sabots.

LES CERFS.

Tête surmontée d'un bois..... Queue courte..... Jambes grêles élevées..... Larmier à chaque œil..... Point de vésicule du fiel.

1. { * LE CHEVREUIL
et
LA CHEVRETTE. } *Cervus capreolus.* LIN.

Petit bois fourchu..... Derrière blanc.

LES CHÈVRES.

Cornes comprimées et annelées en relief..... Point de larmier.

*1. LE CHAMOIS ou YZARD. *Capra rupicapra.* LIN.

Cornes droites recourbées à leur pointe en arrière, lèvre supérieure un peu fendue..... N'a point de larmier comme les Cerfs et les Antilopes; leur ressemble moins par le squelette qu'aux Chèvres.

2. { LE BOUC
et
LA CHEVRE. } *Capra hircus.* LIN.

Barbe sous le menton.

* 3. LE BOUQUETIN. *Capra ibex.* LIN.

Cornes énormes, noueuses, aussi grandes que le corps, rejetées jusque sur le train de derrière..... *Cette espèce se perd aux Pyrénées.*

LES BREBIS.

Cornes anguleuses ridées..... Ni barbe, ni larmier.

LA BREBIS ordinaire. LE BÉLIER. LE MOUTON.	*Ovis aries.* LIN.

LES BOEUFS.

Taille courte, membres gros..... Peau du cou pendante..... Cornes dirigées de côté, se relevant en demi-cercle.

LE BOEUF ordinaire. LE TAUREAU. LA VACHE. LE VEAU. LA GÉNISSE.	*Bos taurus.* LIN.

§. V.

MAMMIFÈRES SOLIPÈDES.

à un seul sabot.

Un seul doigt à chaque pied dans un large sabot.... Molaires à couronne plate..... Valvule au *cardia* qui empêche tout vomissement..... Cœcum très-ample, point de vésicule du fiel.

1. LE CHEVAL. / LA JUMENT. *Equus caballus.* LIN.

Queue entièrement revêtue de longs crins.

2. L'ANE. *Equus asinus.* LIN.

Oreilles longues..... Queue garnie de crins, seulement à l'extrémité.

LE MULET. Produit infécond de l'Ane et de la Jument.

OISEAUX.

§. I.er

OISEAUX DE PROIE.

Mandibule supérieure crochue..... Pieds courts, ongles très-forts..... Femelles plus grandes que les mâles.

A. OISEAUX DE PROIE DIURNES.

LES VAUTOURS.

Tête et cou nus, en tout ou en partie..... Mandibule supérieure très-alongée, droite, courbée seulement à sa pointe..... Yeux à fleur de tête..... Enfoncement ou proéminence au bas de l'œsophage.... Ongles courts peu crochus..... Queue traînante..... Vont en troupes..... Pic. *Encycl. méth.*

* 1. LE VAUTOUR barbu. Pic. *Vultur barbatus.* Pyrén. Pl. II.

Le plus grand de tous nos Oiseaux..... Le cou et le dessous du corps blanc orangé, le dessus gris, les côtes des plumes blanches.... Grande tache noire à l'occiput.... Base du bec recouverte de longs poils noirs; forment une barbe à la mandibule inférieure.... Œsophage renfoncé. *Encycl. méth.*

* 2. L'ARRIAN. Pic. Encycl. *Vultur arrian.* Pyrén. Pl. III.

Brun très-foncé. La tête et la moitié du cou dégarnis de plumes. Une fraise à mi-cou..... Œsophage proéminent..... Pieds nus. *Encycl. méth.*

* 3. LE VAUTOUR moine. *Vultur monachus.* Lin. Pl. enl. 425.

Presque noir..... Long duvet sur sa tête en forme de capuchon. Pic. *Encycl. méth.*

* 4. LE PERCNOPTÈRE. *Vultur percnopterus.* Lin. Pl. enl. 426.

Roussâtre, ventre blanc. Ailes et queue noires.... Tête alongée et cou garnis de duvet blanc, raz. Fraise au bas du cou. Jabot proéminent..... Pieds nus. Pic. *Encycl. méth.*

* 5. L'ALIMOCH. Pic. Encycl. *Vultur alimoch.* Pyrén. Pl. IV.

Petite espèce, ainsi que le suivant. Blanc sale..... Plumes des ailes noires.... Jabot proéminent.... Tête, céra et jabot couleur de safran. Pic. *Encycl.*

* 6. LE VILAIN. Pic. Encycl. *Vultur stercorarius.* Pyrén. Pl. V.

Brun mêlé de fauve..... La gorge et le tour des yeux nus, livides..... Oreilles nues..... Jabot proéminent..... Céra et pieds bleus.

Les Vautours sont voyageurs. Ils aiment les pays chauds et les régions les plus élevées. Je me suis assuré qu'ils quittent l'hiver les Pyrénées, sur lesquelles on les trouve en été en troupes nombreuses. Pic. *Encycl. méth.*

LES AIGLES.

Tête et cou couverts de plumes..... Bec fort, court, crochu, deux dents à la pointe..... Jambes emplumées jusques aux talons..... Vivent solitaires par couples.

* 1. LE GRAND AIGLE. *Falco chrysaetos.* Lin. Pl. enl. 410.

Brun fauve..... Tête et cou fauve clair..... Queue noire ondée de gris.

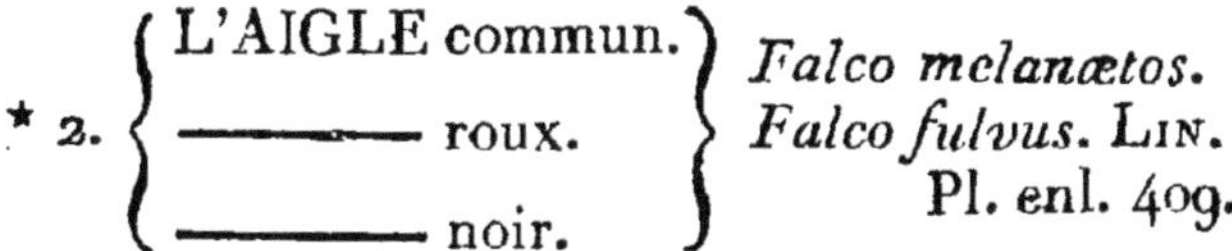
* 2. { L'AIGLE commun. / ——— roux. / ——— noir. } *Falco melanætos.* *Falco fulvus.* Lin. Pl. enl. 409.

Queue blanche à sa base..... Cinq premières plumes des ailes échancrées du côté interne.

* 3. LE PETIT AIGLE. *Falco montanus.* Frisch. *Av.* Tab. LXXI.

Le plus petit de tous..... Noir mêlé de fauve..... Grande tache blanche à la poitrine..... Très-criard.

LES FAUCONS.

Bec recourbé dès sa base..... Mandibule supérieure armée de deux dents.

1. L'AUTOUR. *Falco palumbarius.* Lin. Pl. enl. 461 et 418.

Ailes courtes ; la première plume de l'aile arrondie, la quatrième la plus longue..... Jambes longues.

* 2. LE FAUCON. *Falco communis.* Lin. Pl. enl. 430.

Dent du bec très-forte..... Grande tache brune sur la joue.

3. { L'ÉPERVIER. } *Falco nisus.* Lin.
{ * ——— tacheté. } Pl. enl. 412.

Pieds grêles et longs. Doigts longs et déliés..... Plusieurs plumes des ailes échancrées.

4. { LE HOBEREAU. *Falco subbuteo.* Lin.
{ Pl. enl. 432.
{ * ——— ardoisé. *Var.* Pl. enl. 431.

Plus petit que l'Épervier..... Les ailes plus longues que la queue..... Joues traversées par deux bandes.

5. LA CRESCERELLE. *Falco tinnunculus.* Lin. Pl. enl. 401 le mâle et 471 la femelle.

Tête cendrée..... Dessus du corps roux vineux avec des taches noires..... La première plume des ailes échancrée, queue arrondie..... La femelle a le dessus du corps plus lavé..... La gorge d'un blanc sale et roussâtre..... Ils reviennent au premier printemps.

6. L'ÉMERILLON. Buff. Pl. enl. 468.

Plus petit que le *Hobereau*. Ailes plus courtes que la queue..... Le mâle et la femelle sont de la même grandeur.

LES BUSES.

Bec gros courbé dès sa base..... Ailes très-longues.

A. *Buses proprement dites.*

Tarses gros et courts.

1. LA BUSE. *Falco buteo.* Lin. Pl. enl 419.

* ——— blanche. *Var.*
Brun foncé en dessus, blanchâtre en dessous..... Poitrine presque entièrement brune.

2. LA BONDRÉE. *Falco apivorus* Lin. Pl. enl. 420.
Brune. Cou et dessous du corps blancs..... La première penne de l'aile la plus courte ; la troisième la plus longue.

B. *Les Buzards.*

Tarses élevés et grêles.

3. LE JEAN-LE-BLANC. Pl. enl 413.
Plumes brunes, blanches à leur base..... Le dessous du corps blanc.

*4. L'OISEAU-SAINT-MARTIN. *Falco cyaneus.* Lin. Pl. enl. 459.
Gros comme une Corneille..... Bleuâtre..... Pennes des ailes noires..... Ventre, cuisses et croupion blancs.

5. LA SOUBUSE. *Falco pygargus.* Lin. Pl. enl. 443 le mâle et 480 la femelle.
Brune. Une tâche blanchâtre sous chaque œil. Collier de plumes hérissées autour de la tête..... Le mâle n'a pas de collier. Ses couleurs sont beaucoup plus claires..... On doute si l'*Oiseau-Saint-Martin* est le mâle de la *Soubuse.*

6. LE BUZARD. *Falco æruginosus.* Lin. Pl. enl. 424.
Brun ferrugineux.... Taches rousses au-dessus de la tête et au pli des deux ailes.

C. *Les Milans.*

Bec court et mince..... Pieds courts et faibles.

7. LE MILAN. *Falco milvus.* Lin. Pl. enl. 422.
Fauve et brun..... Tête blanche..... Queue fourchue.

LES PIEGRIECHES.

Bec droit convexe en dessus, mandibule supérieure crochue avec deux dents au bout..... Pieds et ongles forts.

La forme du bec, l'appétit pour la chair, la force, l'audace de ces petits oiseaux, ne permettent pas de les séparer des oiseaux de proie, quoiqu'ils n'en aient ni le port ni les serres.

1. LA PIEGRIÉCHE grise. *Lanius excubitor.* Lin. Pl. enl. 445.

Cendré bleuâtre en dessus, blanche en dessous..... Raie noire par l'œil..... Deux taches blanches aux ailes.

2. LA PIEGRIÉCHE rousse. *Lanius rufus.* Lin. Pl. enl. 9. Fig. 2., non pas la Pl. 31 Fig. 2, ni celle de Frisch. 61 pour la femelle.

Plus petite que la Piegriéche grise. Front noir, le derrière du cou marron, croupion cendré..... La gorge et le dessous du corps blanc mêlé de roussâtre.... Part en automne, revient au printemps.

* 3. L'ÉCORCHEUR. *Lanius collurio.* Pl. 31. Fig. 2.

Tête et cou cendrés, dos roux, queue noire..... Raie par l'œil..... Dessous blanchâtre..... Est de passage.

4. LA PIEGRIÉCHE succulente. Pic. *Lanius esculentus.* Pic. Pyrén. Pl. VI.

Rousse par-dessus, ondée de noir et de blanc..... Le dessous blanc sale rayé de noir transversalement.... Les pennes de la queue et des ailes noirâtres liserées de fauve..... *Arrive au printemps, repart en automne ; prend une graisse très-délicate..... Habite dans les hautains et les oseraies.*

Je n'ai jamais trouvé que des femelles. On ne connait pas celles des trois espèces précédentes. Il y a tout lieu de croire que celle-ci appartient à la Piegrièche rousse *ou à l'*Écorcheur *, qui sont aussi de passage..... C'est le même oiseau que l'*Écorcheur varié *de* BUFF. *et de* BRISSON. Tom. II, p. 154. PIC. *Mém. de l'Acad. de Stockholm.*

LES GOBE-MOUCHES.

Bec droit, comprimé horizontalement à sa base, presque triangulaire, un peu crochu, légèrement échancré à l'extrémité de la mandibule supérieure..... Plumes sétiformes sur les coins de la bouche.

LE GOBE-MOUCHE. *Muscicapa grisula.* LIN. Pl. enl. 565. Fig. 1.

De la grosseur d'une *Alouette*..... Brun par-dessus, la gorge blanche..... La poitrine et le cou tachetés d'un brun clair, sur un fond roussâtre..... Pieds et ongles bruns..... Est de passage.

B. OISEAUX DE PROIE NOCTURNES.

Bec courbé dans toute sa longueur..... Tête grosse aplatie verticalement..... Grands yeux ronds, entourés d'un cercle de plumes fines et roides..... Pieds et doigts couverts de plumes..... Position souvent verticale.

LES HIBOUX.

Deux aigrettes de plumes à la tête:

* 1. LE GRAND DUC. *Stryx bubo.* LIN. Pl. enl. 435.

Le plus grand des oiseaux de nuit..... Varié de fauve, de roussâtre et de brun noirâtre.

2. LE HIBOU. *Stryx otus.* LIN. Pl. enl. 29.

Jaunâtre barriolé de brun et de gris..... Les pennes pointillées de cendré..... L'aigrette a six plumes noires et jaunes.

3. LE SCOPS. *Stryx scops*. Lin. Pl. enl. 436.
Taille d'un Merle..... Aigrette d'une seule plume.

LES CHOUETTES.

Tête sans aigrette.

4. LE CHAT-HUANT. *Stryx stridula*. Lin. Pl. enl. 473.
Roux ferrugineux. Taché et ondé de brun et de noir..... L'iris bleuâtre..... La première penne de l'aile la plus courte, la quatrième la plus longue..... Habite dans les bois.

* 5. LA HULOTTE. *Stryx aluco*. Lin. Pl. enl 441.
Dos brun foncé, tàché de noirâtre et de blanchâtre..... Iris brun..... Les premières pennes de l'aile découpées en scie.

6. L'ÉFFRAYÉ. *Stryx flammea*. Lin. Pl. enl. 440.
Bec blanchâtre..... Dos jaunâtre marqué de points blancs..... Dessous blanc taché de points noirs..... Habite dans les maisons.

7. LA CHOUETTE. *Stryx ulula*. Lin. Pl. enl. 438.
Pennes de la queue roussâtres avec des bandes transversales brunes : plus courtes que les ailes.

8. LA CHEVÈCHE. *Stryx passerina*. Lin. Pl. enl. 439.
De la taille d'une Grive..... Brune..... Taches arrondies blanchâtres sur la poitrine et les ailes.

§. II.

LES CORBEAUX.

Bec droit, gros, fort, comprimé par les côtés..... Mandibule supérieure un peu convexe..... Narines recouvertes de plumes.

LES CORNEILLES.

Bec gros, épais, alongé..... Plumes qui recouvrent les narines, sétiformes.

* 1. LE CORBEAU. *Corvus corax.* Lin. Pl. enl. 495. Plus gros qu'un coq..... Noir lustré reflétant le verd et le violet..... Vit solitaire.

2. LA CORBINE. *Corvus corone.* Lin. Pl. enl. 483. Noir avec des reflets bleus..... Queue arrondie ; pennes de la queue aiguës.

3. LE FREUX. *Corvus frugilegus.* Lin. Pl. enl. 484. Base du bec nue.

4. LA CORNEILLE mantelée. *Corvus cornix.* Lin. Pl. enl. 76.
Cendré clair. Tête, ailes et queue noires.

LES CHOUCAS.

Bec court, courbé, aplati..... Plumes qui recouvrent les narines courtes et veloutées..... Plus petits que les Corneilles.

1. LE CHOUCAS. *Corvus monedula.* Pl. enl. 523. Brun noirâtre, calotte noire sur la tête..... Bec et pieds noirs..... Est de passage.

* 2. LE CHOUCAS des Alpes. *Corvus pyrrhocorax.* Lin.

* ——— bec jaune, pieds rouges. *Vieux.* Pic. Pyrén. Pl. VII.

* ——— bec et pieds jaunes. *Adulte.* Pic. Pyrén. Pl. VIII.

* ——— bec jaune, pieds noirs. *Jeune.* Buff. Pl. enl. 531.
Le bec est plus court que dans les autres espèces ; toujours jaune. La diversité de couleur des pieds a excité de grandes difficultés parmi les Ornitologistes. *J'ai pris la nature sur le fait, et d'après de nombreuses observations, je me suis assuré qu'elles provenaient uniquement de l'âge, et ne pouvaient par conséquent servir à caractériser diverses espèces.* Mem. de Stockholm.

LES

LES CRAVES.

Bec long, effilé, conique, courbé en arc.

* 1. LE CORACIAS. *Corvus coracias.* Lin. Pl. enl. 255.

* ——— blanc de neige. *Var.*
Noir brillant à reflets changeans..... Bec et pieds rouge de cinabre.

LES PIES.

Pennes du milieu de la queue plus longues que les latérales.

1. LA PIE. *Corvus pica.* Lin. Pl. enl. 488.
Variée de blanc et de noir.

2. LE GEAI. *Corvus glandarius.* Lin. Pl. enl. 481.
Tache bleue aux ailes.

LES ETOURNEAUX.

Bec en cône alongé, à pointe très-aiguë, aplati horizontalement à sa base.

1. L'ÉTOURNEAU. *Sturnus vulgaris.* Lin. Pl. enl. 75.
Noir brillant..... Tout le corps parsemé de petites taches blanches.

§. III.

LES MERLES.

Plus petits que les *Corbeaux*..... Plus grands que les *Passereaux*..... Bec comprimé par les côtés, un peu arqué : petite échancrure près la pointe de la mandibule supérieure..... Narines découvertes.

LES MERLES.

Plumage uniforme, ou par grandes masses.

1. LE MERLE commun. *Turdus merula.* Lin. Pl. enl. 2 le mâle et 555 la femelle.

Noir uniforme..... Bec jaune doré..... Le mâle. Brun foncé, poitrine tachetée de brun..... Bec brun..... La femelle.

2. LE MERLE à plastron. *Turdus torquatus.* LIN. Pl. enl. 516.

Plumes noires bordées de gris blanc..... Large plaque demi-circulaire blanche sur la poitrine.

* 3. LE MERLE de roche. *Turdus saxatilis.* LIN. Pl. enl. 562 le mâle.

* ——— La femelle. PIC. Pyrén. Pl. IX.

Tête et cou bleuâtre, dos blanc, ventre rougeâtre..... Le mâle.

La femelle.... Plumes roussâtres bordées de brun.... Le dessus de la tête, le derrière du cou, les ailes et leurs couvertures, les deux pennes du milieu de la queue brunes..... Bec noir..... Pieds rougeâtres.

La femelle de cette espèce était inconnue. Je l'ai prise sur les œufs, après avoir long-temps épié les soins du mâle auprès d'elle. LINNAEUS *l'a crue une* Piegrièche. *Lanius infaustus.....* PIC. Mém. de Stockholm..... *Cette espèce a des rapports avec les* Choucas.

* 4. LE MERLE solitaire. } *Turdus cyanus.* LIN.
* LE MERLE bleu. BUFF. } EDW. Pl. 18. } Pl. enl. 250. } Le mâle.

——— La femelle. PIC. Pyrén. Pl. X.

La tête, le cou, la gorge, la poitrine d'un bleu clair..... Les pennes de l'aile et de la queue brun noirâtre..... Le reste du corps bleu mêlé de pourpre foncé..... Le mâle.

Cendré obscur, pennes bordées de roussâtre, taches nombreuses et vives de roux sur la gorge et la poitrine..... La femelle.

Les Auteurs la connaissent peu. Elle fut tuée avec son mâle sur la tour du château ruiné de Saint-Béat.

* 5. LE MERLE rose. *Turdus roseus.* LIN. Pl. enl. 251.

La tête, la gorge et le cou noir changeant; le

dessus du corps, la poitrine, le ventre et les côtés couleur de rose..... Est de passage.

6. LE LORIOT. *Oriolus galbula.* Lin. Pl. enl. 26o le mâle.

Jaune brillant; les ailes et une partie de la queue d'un beau noir..... Tache noire entre l'œil et le bec..... La femelle est d'un verd d'olive..... Ne passent chez nous que l'été.

LES GRIVES.

Plumage varié de taches régulières..... Sont de passage.

1. LA GRIVE. *Turdus musicus.* Lin. Pl. enl. 406.
Brune en dessus, tâches jaunes sur l'aile; jaunâtre en dessous..... Taches rondes et noires.

2. LA DRAINE. *Turdus viscivorus.* Lin. Pl. enl. 489.
Brune en dessus, blanchâtre tachetée de noir en dessous.

3. LA LITORNE. *Turdus pilaris.* Lin. Pl. enl. 490, sous le faux nom de Calandrotte.
Plus petite que la *Draine*..... Le dessus du corps cendré, la gorge blanche, la poitrine et les côtés tachetés de points noirâtres.

4. LE MAUVIS. *Turdus iliacus.* Lin. Pl. enl. 51.
La plus petite des Grives..... Les flancs et les couvertures du dessous des ailes rougeâtres..... Trait transversal blanchâtre au-dessus de l'œil.

* ——— blond. *Var.* Pic. Pyrén. Pl. XI.
La distribution des couleurs et des taches est la même, mais sur un fond blanc roussâtre.

§. IV.

LES PASSEREAUX.

Trois doigts devant, un seul derrière..... Doigts externes unis par la première phalange seulement, ou dans presque toute leur longueur..... Petits oiseaux; la plupart chanteurs.

A. A GROS BEC.

LES GROS-BECS.

Bec en forme de cône court, renflé à la base.

* 1. LE BEC croisé. *Loxia curvirostra.* Lin. Pl. enl. 218.

Les deux mandibules croisées l'une sur l'autre, courbées l'une en en haut, l'autre en en bas.

2. LE GROS-BEC d'Europe. *Loxia coccothraustes.* Lin. Pl. enl. 99 le mâle et 100 la femelle.

Bec exactement conique..... Très-gros à sa base..... Tache noire sur l'œil et sous le bec.

3. LE VERDIER. *Loxia chloris.* Lin. Pl. enl. 267.

Verdâtre; bords de la queue jaune pur.

4. LE BOUVREUIL. *Loxia pyrrhula.* Lin. Pl. enl. 145.

Bec arrondi convexe en dessus et en dessous, mandibule supérieure courbée en en bas à son extrémité.... La poitrine et le ventre d'un beau rouge dans le mâle, gris roussâtre dans la femelle.

LES MOINEAUX.

Bec fort...... Ailes très-courtes.

1. LE MOINEAU franc. *Fringilla domestica.* Lin. Pl. enl. 6 et 55.

* ——— fauve. *Var.* Pic. Pyrén. Pl. XII.

* ——— blanc. *Fringilla candida.* Mus. Carls. Pl. 20.

Sommet de la tête et joues cendrées..... La gorge et le devant du cou noirs.

La *Var* est d'un roux uniforme, plus clair en dessous qu'en dessus.

2. LE FRIQUET. *Fringilla montana.* Lin. Pl enl. 267. Fig. 1.

Tête rouge-bai..... Joues blanches marquées d'un point noir.

3. LA SOULCIE. *Fringilla petronia.* Lin. Frisch. Pl. 3.

Plus gros que le Moineau..... Plumage sombre..... Tache jaune sur le haut et le devant du cou.

4. LE PINSON. *Fringilla cœlebs.* Lin. Pl. enl. 54. Fig. 1.

Bec court, brun en dessus..... Ailes et queue noires..... Deux larges bandes blanches sur l'aile..... La femelle est grise en dessous.

5. LE PINSON montagnard. *Fringilla montifringilla.* Lin. Pl. enl. 54. Fig. 2.

La gorge, la poitrine et l'épaule fauve vif..... Tête et dessus du cou cendré, taché de noir..... Plus grand que le *Pinson*..... Est de passage.

* 6. LE PINSON de neige. *Fringilla nivalis.* Lin. Pic. Pyrén. Pl. XIII.

La tête et le cou cendrés..... Taches noires à la gorge..... Les deux pennes du milieu de la queue noires bordées de blanc, les latérales blanches terminées de noir..... Bec orangé..... Pieds noirs.

7. LA LINOTTE. *Fringilla cannabina.* Lin.

La Linotte grise. Pl. enl. 151. Fig. 1.

La Linotte des vignes. Pl enl. 485. Fig. 1.

Brun fauve en dessus..... L'aile noire avec une ligne blanche ; bords de la queue blancs..... Souvent la poitrine et le sommet de la tête d'un rouge vif dans le mâle.

8. LE SERIN verd. *Fringilla serinus.* Lin. Pl. enl. 658. Fig. 1.

Jaune verd..... Bande jaune sur les ailes..... Queue un peu fourchue..... Demi-bec inférieur blanchâtre.

B. A BEC AIGUISÉ EN ALÈNE.

LES CHARDONNERETS.

Pointe du bec alongée.

1. LE CHARDONNERET. *Fringilla carduellis.* Lin. Pl. enl. 4.

Brun en dessus..... Calotte noire..... Tour du bec rouge vif..... Tache jaune sur l'aile.

2. LE TARIN. *Fringilla spinus.* Lin. Pl. enl. 485. Fig. 3.

Olivâtre..... Ailes et queue noires variées de jaune pur..... Est de passage.

LES BRUANTS.

Bord des deux mandibules rentrant en dedans ; ligne qui les sépare courbe ; tubercule osseux à leur palais.

1. LE BRUANT de France. *Emberiza citrinella.* Lin. Pl. enl. 30. Fig. 1.

Fauve, taché de brun en dessus..... Beau jaune en dessous..... Tête variée de jaune et de verdâtre.

* ——— citroné. *Var.* Pic. Pyrén. Pl. XIV.

Jonquille en dessus, blanc par-dessous..... Sans le bec on le prendrait pour un Serin des Canaries.

2. LE BRUANT de haie. *Emberiza cirlus.* Lin. Pl. enl. 653.

Tache jaune au-dessus des yeux..... Plaque rousse à la gorge et une autre à la poitrine..... Les deux dernières pennes de la queue bordées de blanc.

3. LE BRUANT fou. *Emberiza cia.* Lin. Pl. enl. 30. Fig. 2.

Trois traits noirs forment un triangle, et enveloppent les joues.

4. LE PROYER. *Emberiza miliaria.* Lin. Pl. enl. 233.

* ——— blanc. *Var.*

Plus grand que le Bruant..... Roussâtre en dessus tacheté de brun, grisâtre en dessous.... Est de passage.

5. L'ORTOLAN. *Emberiza hortulana.* Lin. Pl. enl. 247. Fig. 1.

Châtain varié de brun en dessus, gris roussâtre en dessous..... Aile et queue bordées de blanc.

6. L'ORTOLAN des roseaux. *Emberiza schæniclus.* Lin. Pl. enl. 247, Fig. 2, le mâle, et 497, Fig. 2, la femelle.

Dessus de la tête noir ; bande transversale noire au-dessus des yeux.... Demi-collier blanc en arrière.... Gorge noire.

* 7. L'ORTOLAN des neiges. *Emberiza nivalis.* Lin. Pl. enl. 497. Fig. 1.

Blanc éclatant en hiver..... Dos noir, pennes mi-parties de blanc et de noir..... En été, varié de noir et de roussâtre, et la femelle en tout temps.

LES MEZANGES.

Bec court droit, pointu et fort..... Narines couvertes par les plumes de la base du bec..... Sont très-rapprochées des *Piegrièches.*

1. LA GROSSE MEZANGE. *Parus major.* Pl. enl. 3. Fig. 1.

La plus grosse de toutes..... Tête noire, tache blanche sur la joue..... Dos olive, ventre jaune, aile et queue cendrées.

* 2. LA PETITE CHARBONNIÈRE. *Parus ater.* Lin. Frisch. Pl. 18, 3.

Tête noire, dos cendré, occiput et poitrine blancs.

3. LA MEZANGE bleue. *Parus cæruleus.* Lin. Pl. enl. 3. Fig. 2.

Tête bleu de ciel, côtés violets..... Tache blanche sur la joue.

*4. LA MEZANGE huppée. *Parus cristatus*. Lin. Pl. enl. 502. Fig. 2.

Huppe étagée sur le sommet de sa tête.

5. LA MEZANGE à longue queue. *Parus caudatus*. Lin. Pl. enl. 502. Fig. 3.

Queue plus longue que le corps..... Les deux pennes qui suivent les deux intermédiaires de la queue sont les plus longues.

6. LA PENDULINE. Buff. Pl. enl. 708. Fig. 1.

La gorge et le dessous blanc roussâtre..... Cendré par-dessus..... Pennes noirâtres bordées de roussâtre..... Bec noir, pieds plombés.

LES ALOUETTES.

Ongle du doigt de derrière, droit et très-alongé.

1. L'ALOUETTE des champs. *Alauda arvalis*. Lin. Pl. enl. 363.

——— à tête blanche. *Var.*

——— cendrée. *Var.*

——— isabelle. *Var.*

——— blanche. *Var.*

Gris fauve clair..... Queue noirâtre, les deux pennes externes blanches en dehors.

2. L'ALOUETTE des buissons. *Alauda trivialis*. Lin.

La plus petite des Alouettes..... Dos brun olivâtre..... Poitrine grise tachée de brun..... Pennes moyennes de l'aile échancrées à leur bout..... *Elle se perche.*

3. LE CUJELIER. *Alauda arborea*. Lin. Pl. enl. 660. Fig. 2.

Plus petit que l'*Alouette* des champs..... Brun varié de roussâtre..... Bande blanche de chaque côté de la tête au-dessus des yeux..... Gorge et ventre blancs.... *Se perche.*

4. LA FARLOUSE. *Alauda pratensis.* Lin.
Pl. enl. 660. Fig. 1.

——— blanche. *Var.*

Olivâtre varié de noirâtre..... Croupion et le dessus de la queue olivâtre pur..... Sourcil blanchâtre.

5. LA SPIPOLETTE. *Alauda campestris.* Lin.
Frisch. Pl. 15, mauvaise.

Tête, cou et dos ardoisé..... Bande blanchâtre sur l'œil..... Tache noire derrière l'œil..... Gorge, poitrine, roussâtre vineux..... Bec, pieds et ongles noirs..... Ongle de derrière arqué; trois pennes de l'aile après la première, dont la barbe extérieure est échancrée..... *Habite l'été sur les plus hauts sommets.*

6. LA CALANDRE. *Alauda calandra.* Lin.
Pl. enl. 363. Fig. 2.

La plus grande des *Alouettes*, a aussi le bec plus fort..... Un collier noir au-devant..... La dernière penne de la queue, blanche en dehors.

7. LE COCHEVIS. *Alauda cristata.* Lin.
Pl. enl. 503. Fig. 1.

Un peu plus grosse que l'*Alouette* commune..... Gris brun en dessus; une huppe sur la tête.

8. L'ALOUETTE-LULU. Buff.

Plus petite que le *Cochevis*..... Plumage uniforme; brunâtre en dessus, blanchâtre en dessous..... Huppe sur la tête.

Les Farlouses, *les* Lulu, *et en général toutes les Alouettes, présentent communément des variations de plumage dans les vieux individus. Avant de blanchir en entier, les oiseaux passent par l'isabelle. J'en ai observé un grand nombre bigarrés d'isabelle sur leur plumage ordinaire, et d'autres d'isabelle et de blanc.*

C. A BEC FIN.

LES ROSSIGNOLS.

Bec en forme d'alêne, grêle..... Ongle postérieur arqué, pas plus long que les doigts.

1. LE BEC-FIGUE. *Motacilla ficedula.* Lin. Pl. enl. 668. Fig. 1.
Plumage sombre..... Bande blanchâtre sur l'aile..... Est de passage.

2. LE ROSSIGNOL. *Motacilla luscinia.* Lin. Pl. enl. 615. Fig. 2.
Brun roussâtre en dessus, blanchâtre en dessous.... Les genouillères grises..... Est de passage.

3. LA FAUVETTE. *Motacilla hippolaïs.* Lin. Pl. enl. 579. Fig. 1.
Gris brun..... Raie blanchâtre entre l'œil et le bec.

4. LA FAUVETTE à tête noire. *Motacilla atricapilla.* Lin. Pl. enl. 580.
Tête noire; cendré brun en dessus, blanchâtre en dessous..... La femelle a la tête brune.

5. LA FAUVETTE grise. *Motacilla sylvia.* Lin. Pl. enl. 579. Fig. 3.
Gris cendré par-dessus, la gorge et le dessous blanc lavé de roussâtre.

6. LA FAUVETTE babillarde. *Motacilla curruca.* Lin. Pl. enl. 580. Fig. 3.
Tête cendrée..... Bande noirâtre sur la joue.

7. LA FAUVETTE des bois. *Mot. schœnobænus.* Lin.
La gorge, le ventre, les côtés, les jambes roussâtres.

8. LA FAUVETTE des roseaux. *Mot. salicaria.* Lin. Pl. enl. 581. Fig. 2.
Gris, teint d'olivâtre par-dessus; le dessous jaunâtre..... Pieds orangés.

9. LA FAUVETTE tachetée. Pl. enl. 581. Fig. 3.

Le dessus brun, taché de roussâtre ; taches noires sur la poitrine.

* 10. LE PEGOT. *Motac. alpina.* Pic. Pyrén. Pl. XV.

Bec droit, aplati vers sa base..... Le dessus gris sombre taché de noir..... Gorge blanche tachée de noir.... Flancs roussâtres.... Plus grand que les Fauvettes.... S'en éloigne par les qualités morales.... Pic. *Journ.* de *Phys.* et *Encycl. méth.*

11. LE MOUCHET. *Motac. modularis.* Lin. Pl. enl. 615. Fig. 1.

N'arrive qu'en hiver.... Plumage sombre varié.... Petite tache ronde d'un blanc sale à l'extrémité des grandes couvertures des ailes ; le dessous du corps plombé.... Pieds jaunâtres.

Les *Fauvettes* sont voyageuses.

LES TRAQUETS.

Queue plus courte que les Rossignols.... Agitent sans cesse les ailes et la queue.

1. LE ROSSIGNOL de muraille. *Mot. Phœnicurus.* Lin. Pl. enl. 351.

Gris brun.... Gorge noire, poitrine et queue rousse.... Les deux pennes du milieu brunes.

2. LE ROUGE-GORGE. *Motac. rubecula.* Lin. Pl. enl. 361.

Brun en dessus.... Gorge et poitrine d'un rouge vif.

3. LE GORGE-BLEUE. *Motac. suecica.* Lin. Pl. enl. 361.

Gorge et poitrine d'un bleu azuré, appuyé sur une ceinture rousse.

4. LE TRAQUET. *Motac. rubicola.* Lin. Pl. enl. 678. Fig. 1.

Noirâtre ; gorge bleuâtre, poitrine et flancs rouges.... Croupion, ventre, taches sur l'aile et au-dessous de la joue, blancs.

5. LE TARIER. *Motac. rubetra.* Lin. Pl. enl. 678. Fig. 2.

Plumes noirâtres bordées de roux par-dessus.... Trait blanc du bec à l'oreille par-dessus l'œil ; joues noires ; gorge et poitrine rougeâtres.... Deux bandes blanches à l'aile.... Arrive et part avec le *Traquet.*

* 6. LE TRAQUET montagnard. *Motac. pyrenaica.* Pic. Pyrén. Pl. XVI.

Le plus grand des Passereaux, presque aussi gros qu'un *Merle*.... Bec cylindrique un peu arqué vers sa pointe.... Plumage uniforme d'un noir mal teint.... Poitrine brune.... Queue arrondie.... Dix pennes blanches terminées de brun, et les deux du milieu brunes seulement jusques à leur moitié.... Pieds noirs. Picot, *Mém. de l'Académ. de Toul.* T. IV.

7. LE MOTTEUX. *Motac. œnanthe.* Lin. Pl. enl. 554.

Gris frais par-dessus.... Front et joues noires du même trait.... Bande blanche au-dessus de l'œil.... Gorge roussâtre, ventre blanc.... Aile noire bordée de blanc et de roux ; queue blanche, noire à l'extrémité... La femelle plus rousse, n'a ni le front ni les joues noires.

8. LE POUILLOT. *Motac. trochilus.* Lin. Pl. enl. 651. Fig. 1.

Celui-ci et les deux suivans sont nos trois plus petits oiseaux.... Olive clair par-dessus, le dessous jaunâtre.... Trait transversal au-dessus des yeux.... Queue un peu fourchue... La femelle est plus brune en dessus ; le bas-ventre et les pieds noirâtres.... Est de passage.

9. LE TROGLODYTE. *Motac. troglodytes.* Lin. Pl. enl. 651. Fig. 2.

Brun roux, rayé transversalement de noir.... Tache roussâtre à la joue et au-dessus de l'œil..... Plus petit que le *Pouillot.*

10. LE ROITELET. *Motac. regulus.* Lin. Pl. enl. 651. Fig. 3.

Le plus petit de nos oiseaux.... Verdâtre en dessus, jaunâtre en dessous.... Huppe d'un jaune doré encadré de noir.

LES BERGERONETTES.

Tarses élevés.... Queue longue qui bat sans cesse.

1. LA LAVANDIÈRE. *Motac. alba.* Lin. Pl. enl. 652.

Dos cendré, tête et ventre blancs.... Occiput noir.... Ailes et queue noires bordées de blanc.

2. LA BERGERONETTE grise. Pl. 674. Fig. 1.

Dessus du corps gris, collier noirâtre.... Dessous blanc.... Queue noirâtre ; deux externes mi-parties de blanc.

3. LA BERGERONETTE jaune. *Motac. flava.* Lin. Pl. enl. 28. Fig. 1.

Verdâtre en dessus, jaune en dessous.... Ailes et queue noires bordées de jaune.

La *Bergeronette du printemps* me paraît être la même que la jaune, mais plus jeune.... Elles sont de passage.

D. A BEC PETIT TRÈS-COURT, APLATI HORIZONTALEMENT, ET FENDU TRÈS-AVANT.

LES HIRONDELLES.

Tête plate.... Pieds très-courts ; ailes très-longues.... Queue fourchue.

1. L'HIRONDELLE domestique. *Hirundo urbica.* Lin. Pl. enl. 543. Fig. 1.

Noire avec des reflets brillans.... Front et gorge d'un rouge brun.... Poitrine et ventre blancs.... Arrive à l'équinoxe du printemps.

2. L'HIRONDELLE de rivage. *Hirundo riparia.* Lin. Pl. enl. 543. Fig. 2.

La plus petite de celles qui viennent en Europe.... La tête et le dessus du corps cendré brun.... La gorge et le dessous blanc.... La partie postérieure des pieds garnie d'un duvet gris.

* 3. L'HIRONDELLE des rochers.

Gris brun bordé de roux par-dessus.... Roux en dessous.... Les pieds revêtus d'un duvet gris varié de brun.

4. L'HIRONDELLE de fenêtre. *Hirundo rustica.* Lin. Pl. enl. 542. Fig. 2.

Le dessus noir glacé de bleuâtre.... La gorge, le croupion, le dessous, d'un beau blanc.... Duvet blanc jusqu'aux ongles.

5. LE MARTINET noir. *Hirundo apus.* Lin. Pl. enl. 542. Fig. 1.

Noir; gorge blanchâtre.... Ouverture du bec plus large, pieds plus courts, ailes plus longues qne les Hirondelles.

LES ENGOULEVENTS.

Queue égale.... Bec extrêmement fendu, garni de poils roides à sa base.... Ongle du doigt du milieu dentelé d'un côté.... Grands yeux larges, blessés par la lumière.

1. L'ENGOULEVENT. *Caprimulgus Europæus.* Lin. Pl. enl. 193.

Grand comme un *Merle*.... Ne vole que la nuit.... Nous quitte l'hiver.

E. A BEC GRÊLE TRÈS-ALONGÉ ET FORT.

LES SITELLES.

Bec en forme de coin.... Pieds courts et forts.... Queue roide.... Quatre doigts, trois devant, un derrière.

* 1. LA SITELLE d'Europe. *Sitta Europæa.* Lin. Pl. enl. 623. Fig. 1.

De la grandeur du *Moineau*.... Cendré bleuâtre par-dessus, fauve clair en dessous.... Trait noir par l'œil.

LES GRIMPEREAUX.

Bec effilé, arqué dans toute sa longueur.

1. LE GRIMPEREAU. *Certhia familiaris.* LIN. Pl. enl. 681. Fig. 1.

De la grandeur à-peu-près du *Troglodyte*.... Gris moucheté de brun et de blanc.... Croupion roux.... Tour des yeux blanchâtre..... Gorge blanche..... Queue roide.

* 2. LE GRIMPEREAU de muraille. *Certhia muraria.* LIN. Pl. enl. 372.

Gros comme une *Alouette*.... Cendré bleuâtre.... Haut de l'aile et une partie des pennes d'un rose vif.... La gorge du male noire.

LES HUPPES.

Huppe ample, de deux rangs de plumes mobiles.

1. LA HUPPE. *Upupa epops.* LIN. Pl. enl. 52.

Presque de la grosseur du *Merle*..... Plumage vineux.... Ailes noires, bandes transversales blanches.... Est de passage.

LES GUEPIERS.

Corps alongé et grêle.... Les deux doigts externes unis jusques à l'ongle.

1. LE GUÊPIER commun. *Merops apiaster.* LIN. Pl. enl. 938.

Bel oiseau de la grandeur de la *Grive*.... Bleu clair sur le front, la queue, le dessous du corps.... Fauve sur le dos.... Jaune encadré de noir sur la gorge.... Est de passage.

LES ALCYONS.

Bec long, droit et pointu, comprimé par les côtés.... Langue très-courte, plate et obtuse.... Pieds très-courts.

1. LE MARTIN-PÊCHEUR d'Europe. *Alcedo hispida.* Lin. Pl. enl. 77.
Gros comme une *Alouette*.... Bleu changeant en verdâtre et en noirâtre par-dessus.... Roux vif par-dessous.... Tout le long du dos, large bande de bleu céleste brillant.... C'est le plus élégant de nos oiseaux.

§. V.

LES OISEAUX GRIMPEURS.

Bec droit, cunéi forme, anguleux, émoussé.... Deux doigts en arrière et deux en avant.

LES PICS.

Queue roide en pointe; les deux pennes extérieures plus petites que les autres.... Langue longue, ronde, mince, armée de pointes recourbées en arrière à son extrémité.

1. LE PIC verd. *Picus viridis.* Lin. Pl. enl. 371.
Verd en dessus, blanchâtre en dessous.... Croupion jaune.... Calotte d'un beau rouge.... Grosseur du *Geai*.

* 2. LE PIC noir. *Picus martius.* Lin. Pl. enl. 596.
Noir; occiput d'un beau rouge.... Le plus grand de la famille.

* 3. L'ÉPEICHE. *Picus major.* Lin. Pl. enl. 611 le mâle et 595 la femelle.
De la grandeur du *Merle*.... Corps varié de blanc et de noir.... Bande rouge à l'occiput dans le mâle.... Dessous de la queue rouge.

* 4. LE PETIT ÉPEICHE. *Picus minor.* Lin. Pl. enl. 598.
De la grandeur d'un *Moineau*.... Corps barriolé de blanc et de noir.... Blanc sale par-dessous.... Du rouge à la tête, dans le mâle.

LE

LE TORCOL.

1. LE TORCOL. *Yunx torquilla.* Lin. Pl. enl. 698. Bec court et sans angles.... Queue flexible et quarrée.... Grosseur de l'*Alouette*.... Mouvemens singuliers dans son cou.... Quitte le pays l'hiver.

LES COUCOUS.

Bec un peu courbé en en bas.... Convexe en dessus, comprimé par les côtés.... Forme alongée.... Queue longue.

1. LE COUCOU. *Cuculus canorus.* Lin. Pl. enl. 811.

Gris brun sur le dos.... Rayé en dessous.... Queue noirâtre, points blancs sur le bord des pennes.... Pieds, coin du bec, tour des yeux, jaunes.... Pond dans des nids étrangers.... Arrive au printemps.

§. VI.

LES GALLINACÉS.

Mandibule supérieure voûtée, narines recouvertes en partie d'une pièce charnue.... Pieds courts.... Doigts dentelés sur leurs bords, réunis à leur base seulement par de courtes membranes.... Dans plusieurs, tarses armés d'un éperon.... Vol pesant.

LES PIGEONS.

Bec grêle renflé par le bout.... Jambes couvertes de plumes jusques au talon; doigts séparés jusques à leur origine.

1. LE BIZET. *Columba œnas.* Lin. Pl. enl. 510.

LE PIGEON de montagne. *Var.*

Ardoisé; cou changeant.... *Arrive en troupes en brumaire, prenant sa route vers l'Espagne.... Souche primitive des Pigeons domestiques.*

2. LE RAMIER. *Columba palumbus.* Lin. Pl. enl. 316.

Plus grand que le *Bizet*.... Passe avec eux.... Gris brun en dessus, poitrine roussâtre.... Taches blanches au côté du cou.

3. LA TOURTERELLE des bois. *Columba turtur.* Lin. Pl. enl. 394.

Petite espèce.... Grise en dessus, poitrine rougeâtre.... Raie blanc et noir de chaque côté du cou.

LES TETRAS.

Membrane nue d'un rouge vif au-dessus de l'œil.... Pieds couverts de plumes.... Point d'ergots.

* 1. LE GRAND TETRAS. *Tetrao urogallus.* Lin. Pl. enl. 73 le mâle et 74 la femelle.

De la grosseur d'un *Paon*.... Bleuâtre pointillé de noir.... Queue arrondie, noire.... Aile brune, une tache blanche à son pli.... La femelle est d'un brun rougeâtre, les rayures plus marquées.... Le mâle peut relever en aigrette les plumes de la tête.

* 2. LA GÉLINOTTE. *Tetrao bonasia.* Lin. Pl. enl. 454 le mâle et 455 la femelle.

Un peu plus grosse que la *Perdrix rouge*.... Dessus du corps mordoré, cendré et roussâtre par taches.... Le dessous varié de brun et de blanc sale.... Tache blanche au-dessus des narines entre l'œil et le bec, derrière l'œil.... Tache noire à la gorge du mâle.... Large bande noire à la queue.

LE GANGA se trouve dans les Pyrénées orientales.

* 3. LE LAGOPÈDE. *Tetrao lagopus.* Lin.

——— vieux. Pic. Pyrén. Pl. XVII.

——— vieux, en habit d'hiver. *Idem.* Pl. XVIII.

——— d'un an, en habit d'hiver. *Idem.* Pl. XIX.

Plus gros que la *Perdrix* rouge.... Pieds recouverts de plumes piliformes.... Raie noire de chaque côté du bec.... Six pennes de l'aile noires.... Deux rangs de pennes à la queue.... L'inférieur noir terminé de blanc.... Tout le reste blanc de neige en hiver.... Noir semé de grandes taches rousses en été chez les adultes.... Est le meme que l'Attagas. Pic. *Mém. de l'Acad. de Toul.* Tom. I, et *Encyc. méth.*

LES PERDRIX.

Tarses nus.... Queue courte.... Sourcils rouges, sans membrane.

1. LA PERDRIX grise. *Tetrao perdix.* Lin. Pl. enl. 27.

——— grise blanche. *Var.*

——— de montagne. *Var.* Pl. enl. 136.

Tête fauve, dos gris brun.... Ventre cendré.... Flancs tachés de roux.... Le mâle porte une grande tache marron sur la poitrine.

2. LA PERDRIX rouge, d'Europe. *Tetrao rufus.* Lin. Pl. enl. 150.

* ——— rouge blonde. *Var.* Pic. Pyrén.

Plus grosse que la *Perdrix* grise.... Le dessus brun verdâtre.... Gorge blanche entourée de noir.... Sourcils blancs.... Poitrine bleuâtre tachée de noir... Bec et pieds rouges.

La variété conserve toutes les taches de l'espèce sur un fond uniforme isabelle.

3. LA CAILLE. *Tetrao cothurnix.* Lin. Pl. enl. 170.

——— blanche. *Var.*

La plus petite des *Perdrix*.... Point de fer à cheval sur la poitrine, ni d'espace nu et sans plumes derrière les yeux comme les mâles des Perdrix.... Disparaît en hiver.

Le PAON, le FAISAN, le COQ, la POULE, la PINTADE, le DINDON devraient trouver ici leur place, si ces espèces précieuses, quoique naturalisées chez nous, n'avaient une origine exotique.

LES OUTARDES.

Trois doigts devant sans membrane.... Ni doigt ni ergot derrière.... Tarses hauts.... Jambes nues en bas.... Ongles convexes des deux côtés.

1. L'OUTARDE. *Otis tarda.* Lin. Pl. enl. 245.
Un des plus grands oiseaux d'Europe.... Fauve vif bariolé de noir sur le dos.... Tout le reste gris bleuâtre.... Base du duvet couleur de rose.... Est de passage.

2. LA PETITE OUTARDE. *Otis tetrax.* Lin. Pl. enl. 25 le mâle et 10 la femelle.
Plus petite que la précédente.... Tête, dos et queue brun roussâtre bariolé de noir.... Gorge, ventre et dessous blanc.... Cou noir avec un double collier blanc, un en haut l'autre en bas.... Le plumage de la femelle uniforme, roussâtre marqueté et rayé de noir.... Est de passage.

§. VII.

LES OISEAUX DE RIVAGE.

Tarses élevés; bas des jambes nus.... Les deux doigts externes réunis par une membrane.... Entrent dans l'eau et ne nagent point.

LES PLUVIERS.

Trois doigts devant; point de doigt derrière.... Bec droit court renflé vers le bout.... Sont de passage.

1. LE GRAND PLUVIER. *Charadrius œdicnemus.* Lin. Pl. enl. 919.
Gros comme un demi-Poulet.... Le dessus varié de brun et de fauve.... Deux traits de blanc fauve de chaque côté de la tête.... Le tarse tellement renflé dans sa partie supérieure, qu'on dirait que cet oiseau a des mollets.... Caractère unique. Pic. *Mém. de Stockh.*

2. LE PLUVIER doré. *Charadrius pluvialis.* Lin. Pl. enl. 904.

Brun pointillé de jaunâtre.... Poitrine jaunâtre tachée de noir.... Ventre blanc.

3. LE GUIGNARD. *Charadrius morinellus.* Lin. Pl. enl. 832.

Plus petit que le *Pluvier doré*.... Tête tachetée.... Sourcils blancs.... Gorge et poitrine cendrés.... Ventre roux entre deux bandes blanches.... Bec noir. pieds bruns.

4. LE PLUVIER à collier. *Charadrius alexandrinus.* Lin.

——— le grand. Pl. enl. 920.

——— le petit. *Var.* Pl. enl. 921.

Le grand est gros comme un *Merle*, le petit comme une *Alouette*.... Calotte et dos roussâtre.... Front noir avec une tache blanche au milieu.... Gorge et ventre blancs.... Grand collier noir.... Pieds rougeâtres.

LES VANNEAUX.

Quatre doigts sans membranes.... Trois devant, un derrière.... Ongles courts.... Sont de passage.

1. LE VANNEAU-PLUVIER. *Tringa squatarola.* Lin. Pl. enl. 854.

Plus gros que le *Pluvier* doré.... Gris brun pardessus.... Dessous blanchâtre.... Queue blanche rayée de gris.... Doigt de derrière très-court.

2. LE VANNEAU-SUISSE. *Tringa helvetica.* Lin. Pl. enl. 853.

De la grosseur du *Vanneau*.... Noirâtre rayé de blanc par-dessus le corps.

3. LE VANNEAU. *Tringa vanellus.* Lin. Pl. enl. 242.

Noir reflétant le verd et le violet.... Ventre, croupion et côtés du cou blancs.... Aigrette effilée au derrière de la tête.

LES RALES

Bec droit, comprimé sur les côtés.... Narines longues et étroites..... Corps aplati sur les flancs.... Queue courte.... Doigts antérieurs longs, lisses, sans membrane.

1. LE RALE de terre. *Rallus crex.* LIN. Pl. enl. 750.

Plus grand qu'une *Caille*.... Brun clair tacheté de noirâtre par-dessus.... Grisâtre en dessous.... L'aile rousse..... Pieds bruns.... Arrive avec les Cailles.

2. LE RALE d'eau. *Rallus aquaticus.* LIN. Pl. enl. 749.

De la grosseur de la *Caille*.... Brun taché de noir par-dessus.... Gorge et dessous bleuâtre.... Flancs rayés de blanc et de noir.... Bec rouge; plus long dans cette espèce.

3. LA MAROUETTE. *Rallus porzana.* LIN. Pl. enl. 751.

Moins grand que nos *Râles*.... Brun olivâtre par-dessus, cendré en dessous.... Bec et pieds verdâtres.

*4. LE RALLO-MAROUET. *Rallus mixtus.* PIC. Pyrén. Pl. XX.

Plus petit encore que la *Marouette*.... Oiseau mi-parti.... Composé du *Râle d'eau* et de la *Marouette*.... Serait-ce un Mulet?... Le bec, les jambes et les pieds comme dans la *Marouette*.... Les joues, la gorge, le ventre bleuâtres comme dans le *Râle d'eau*. PIC. *Encycl. méth.*

LES BECASSEAUX.

Bec menu droit, de moyenne longueur, bout obtus et lisse.... Ne sont point sédentaires.

1. LE BECASSEAU. *Tringa glareola.* LIN. Pl. enl. 843.

Moins gros que le *Pluvier*.... Dessus brun avec des points blanchâtres.... Trait blanc par-dessus l'œil....

Gorge et poitrine blanches avec des taches longitudinales noires.... Ventre blanc.... Queue blanche rayée et terminée de noir.... Bec et pieds verdâtres.

2. LA GUIGNETTE. *Tringa hippoleucos*. Lin. Pl. enl. 850.

Plus petite que le *Becasseau*.... Gorge et ventre blancs.... Poitrine tachetée de gris.... Dos et croupion gris.... Bec brun, pieds et ongles verdâtres.

3. LE CHEVALIER commun. *Scolopax chalidris*. Lin. Pl. enl. 844.

——— à tête et cou blanc. *Var.*

De la grosseur du *Pluvier doré*.... Dessus du corps brun roux violâtre, disposés comme par écailles.... Gorge et poitrine grisâtre écaillée de fauve... Ventre blanc.... Bec rougeâtre à sa base.... Pieds gris ou couleur de chair.

La *Var.* est d'un blanc de neige, sauf le dos, les ailes et la queue.

4. LE CHEVALIER aux pieds rouges. *Tringa gambetta*. Lin. Pl. enl. 845.

Blanc par-dessous herminé de brun.... Croupion blanc.... Bec et pieds rouges.

5. LE CHEVALIER rayé. *Tringa striata*. Lin. Pl. enl. 827.

Un des moins grands des *Chevaliers*.... Brun par-dessus rayé transversalement de noir. Le dessous blanchâtre taché de noir.... Croupion blanc de neige.... Queue blanche rayée de brun..... Bec et pieds rouge pâle.

6. LE COMBATTANT. *Tringa pugnax*. Lin. Pl. enl. 305 le mâle et 306 la femelle.

Plus grands que les *Chevaliers*.... Ne passent qu'un mois en France au printemps.... On trouverait difficilement deux individus parfaitement ressemblans pour le plumage. Le brun, le gris, le roux, le marron, le noir, le pourpré, le violet chatoyant, diversement distribués, sont les couleurs du dessus du corps.... Le dessous est blanc.... Le bec et les pieds sont gris ou rouges.... Les mâles au temps des amours ont des caroncules charnues de la base du bec jusques au-delà de l'œil, et il pousse du cou et de la tête de longues plumes qui doublent leur volume et changent leur figure.... Elles tombent et les caroncules s'oblitèrent après la pariade.... La femelle n'a jamais ni ces plumes ni ces caroncules ; elle est plus petite que le mâle.... La tête, la gorge, le cou et le dessous du corps sont blancs.... Le dessus a quelques taches brunes.

7. LA MAUBECHE commune. *Tringa calidris*. LIN.
Brun noirâtre et marron clair par-dessus.... Olivâtre par-dessous.... Bec et pieds noirâtres.

8. LA MAUBECHE tachetée. Pl. enl. 365.
Moins forte que la précédente.... Le dessus cendré brun, taché de brun, pourpre, violâtre.... La gorge blanche piquée de noir.... La poitrine et le ventre rougeâtres.... Bec noirâtre.... Jambes et pieds verdâtres.

9. LA MAUBECHE grise. Pl. enl. 366.
Le dessus gris, les couvertures des ailes brunes bordées de blanc.... La gorge blanche avec des taches grises, le ventre blanc.... Le bec et les pieds noirâtres.

Les Maubeches pourraient être séparées de tous les autres *Becasseaux*. Elles sont plus basses sur leurs jambes, ont le corps plus plein, la forme plus raccourcie. On connaît fort peu ces oiseaux. Nous n'en voyons qu'au printemps et en automne.

10. L'ALOUETTE de mer. *Tringa cinclus*. LIN. Pl. enl. 851.
De la grandeur du *Râle d'eau*.... Calotte et dos roux avec des taches anguleuses noires.... Trait blanc du bec à l'œil.... Gorge et cou gris avec des lignes noires.... Taches aiguës noires sur la poitrine.... Ventre et flancs blancs.... Bec et pieds noirs.... Est de passage.

11. LE CINCLE. *Tringa alpina*. LIN. Pl. enl. 852.
Comparable au *Mauvis*.... Ressemble à *l'Alouette*

de mer pour les couleurs, les mœurs.... Vole en troupes avec elle.... Ses taches sont plus fréquentes, plus noires, lunulées à la poitrine et au ventre.... Bec noir, pieds bruns.

* 12. L'AGUASSÈRE ou MERLE d'eau. *Sturnus cinclus*. LIN. Pl. enl. 940.

Le nom de *Merle* est des plus inconvenans.... Il n'a ni le bec, ni les pieds, ni les habitudes du *Merle*; est plus petit que lui.... Bec menu, droit, lisse, comprimé par le bout.... Plumage brun noirâtre.... Les joues, la gorge et la poitrine blanc de neige.... Paupières blanches.... Le bec et les pieds noirs.... Marche sous l'eau.

J'ai changé son nom pour répondre au vœu des Ornithologistes. Je lui ai donné celui sous lequel il est connu dans la partie des Pyrénées enclavée dans ce Département. Il est difficile de bien classer cet oiseau.

LES BECASSES.

Bec effilé, long, droit, bout obtus et raboteux.... Pouce qui s'appuie à terre.

1. LA BÉCASSE. *Scolopax rusticola*. LIN. Pl. enl. 885.

Quatre bandes transversales noires derrière la tête... Variée de roux et de noir en dessus.... Ventre blanc rayé de brun.

2. LA BÉCASSINE. *Scolopax gallinago*. LIN. Pl. enl. 883.

* ——— isabelle. *Var.*

* ——— blanche. *Var.*

Plus petite que la *Bécasse*.... Moins de roux dans son plumage.

3. LA SOURDE. Pl. enl. 884.

De moitié plus petite que la *Bécassine*.... Dessus de la tête noir lustré avec deux bandes longitudinales fauve.... Le noir du plumage à reflets brillans.

LES BARGES.

Bec long, effilé, légèrement recourbé en en haut; narines alongées.... Appendice tronqué et creusé en dessous à l'ongle du doigt du milieu.... Passent deux fois.

1. LA BARGE commune. *Scolopax limosa.* LIN. Pl. enl. 874.

Tête, cou, gorge et poitrine grisâtres variés de fauve.... Ventre blanc.... Dessus du corps brun.... Queue noire.... Intérieur du bec rouge de cinabre.... La plus grande du genre.

2. LA BARGE rousse. *Scolopax ægocephala.* LIN. Pl. enl. 916.

Presque aussi grande que la précédente.... Tête, cou et poitrine fauve rougeâtre.... Dos brun varié de fauve et de noir.... Demi-bec supérieur jaunâtre.... Pieds noirs.

3. LA BARGE aboyeuse. *Scolopax totanus.* LIN. Pl. enl. 876.

Brun noirâtre mélangé de blanc.... Gorge blanchâtre.... Croupion et dessous du corps blancs.... Bec brun, pieds gris.

4. LA BARGE cendrée. *Scolopax glottis.* LIN. PIC. Pyrén. Pl. XXI.

Tête, cou, gorge, poitrine et dessous blancs, marqués de lignes grises.... Dessus du corps gris, taché de noir.... Bec très-recourbé en en haut, plombé ainsi que les jambes et les pieds.... Taille moyenne. PIC. Pyrén.

5. LA BARGE aux pieds rouges. *Scolopax rubripes.* PIC. Pyrén. Pl. XXII.

Moins forte que la *Barge commune*.... Le dessus gris cendré.... Le dessous blanc de neige.... Jambes et pieds rouge de cinabre.... Bec à la naissance courbé en en bas; à sa pointe en en haut. PIC. *Mém. de Stockh. Encycl. méth.*

LES COURLIS.

Bec très-long, fortement arqué en en bas.... Obtus.

1. LE COURLI. *Scolopax arquata.* Lin.
Pl. enl. 818.

S'approche du *Coq* pour la grosseur.... Plumes du dessus du corps brunes bordées de roussâtre.... Gorge blanche.... Dessous blanc avec des taches longitudinales brunes.... Queue brune rayée par travers de roux.... Mandibule supérieure, pieds et ongles bruns.

2. LE CORLIEU. *Scolopax phæopus.* Lin.
Pl. enl. 842.

Ressemble au *Courli*.... En diffère par sa petitesse.... Par ses couleurs plus nettes, par ses taches plus grandes.... Par une ligne blanche au-dessus de l'œil.

* 3. LE COURLI marron. Briss. *Tom. V, pag.* 329.
Pl. enl. 819.

COURLI verd, COURLI d'Italie. Briss. *Tom. V, pag.* 326. Pl. XVII. Fig. 2.

Cette belle espèce présente des variétés notables dans son plumage.... Les individus que j'ai observés avaient le dessus du corps pourpre mêlé de verd doré changeant.... Tout le reste d'un beau mordoré clair et pur, mêlé de quelques plumes vertes.... Le bec et les pieds noirâtres.... La peau nue, au-dessous de l'œil et à la base du bec. Pic. Pyrén.

LES HERONS.

Taille élancée.... Cou long.... Jambes hautes.... Bec long droit, pointu, fort, comprimé, tranchant.

A. *Tous les ongles entiers.*

1. LA CICOGNE. *Ardea ciconia.* Lin.

Blanc de neige.... Ailes noires.... Tour des yeux nu.... Le bec, les pieds et la peau même sous les plumes d'un rouge vif.

2. LA CICOGNE noire. *Ardea nigra.* Lin. Pl. enl. 399.

Le dessus brun avec des reflets verdâtres et dorés.... Le dessous blanc.... Le tour de l'œil nu, d'un rouge vif.... Le bec gris verdâtre.... Les pieds rouge sombre ou verdâtres.... Ongles aplatis.... Les *Cicognes* sont de passage.

3. LA GRUE. *Ardea grus.* Lin. Pl. enl. 769.

C'est un des plus grands oiseaux.... Une partie de la tête dénuée de plumes.... L'occiput, la gorge et le devant du cou noir, séparés par une bande blanche.... Plumage cendré.... Pennes des ailes noires, prolongées, recourbées en faux renversée.... Est de passage.... Les circonvolutions et la forme de sa trachée artère dans la cavité du brechet sont dignes de remarque.

B. *L'ongle du milieu découpé en scie à son bord interne.*

4. LE HÉRON commun. *Ardea cinerea.* Lin. Pl. enl. 755 le mâle et 787 la femelle.

Très-grand oiseau.... Cendré par-dessus.... Plumes effilées sur les ailes.... Tête et gorge blanche.... Aigrette pendante noire.... Cou blanc en devant avec des larmes noires.... Plumes effilées au bas du cou.... Est-ce le mâle, ou une espèce distincte?... C'est ce qui reste à prouver.... Celle qu'on prend pour la femelle n'a ni aigrette ni plumes pendantes au bas du cou, ni plumes effilées sur les ailes, ni front blanc.... Linnaeus en fait deux espèces : la seconde est *Ardea major.*

5. LE HÉRON blanc. *Ardea alba.* Lin. Pl. enl. 886.

Aussi gros que le *Héron commun*, plus haut monté que lui.... Ni huppe, ni plumes pendantes ni effilées.... Le bec safrané.... Les jambes et les pieds verdâtres.

* 6. LE HÉRON montagnard. *Ardea monticola.* Pic. Pyrén. Pl. XXIII.

Le plus gros de nos *Hérons*.... Tête rougeâtre....

Les plumes du dessus du corps brunes bordées de rougeâtre.... Gorge blanche.... Cou antérieur, poitrine et flancs roussâtres avec des lignes noires.... Ventre blanc.... Bec mi-parti de brun et de jaune.... Jambes jaunes ; pieds noirâtres par-dessus, jaunes en dessous.... Le mâle a une petite huppe rougeâtre.... Pic. *Encycl. méth.*

7. L'AIGRETTE. *Ardea garzetta.* Lin. Pl. enl. 901.

Plus petite à peu près de moitié que le *Héron*.... Plumage d'un blanc pur et éclatant.... Aigrette pendante en arrière de trois ou quatre plumes roulées les unes dans les autres.... Plumes scapulaires, déliées, effilées, douces, flexibles.... Bec et pieds noirs.

8. LE CRABIER gentil. *Ardea audax.* Pic. Pyrén. Pl. XXIV.

— CRABIER marron.
— CRABIER roux. } Buff.
— GUACCO.

Ces trois espèces doivent être réduites à une seule... Ce Crabier est de la grandeur de l'*Aigrette*.... Tête, cou, poitrine et dos jaunes.... Aigrette longue et pendante.... Ailes, queue et ventre blancs.... Bec fort très-aigu, bleu d'azur, noir à la pointe.... Jambes et pieds couleur de chair. Pic. *Mém. de Stock.* et *Encycl. méth.*

9. LE BLONGIOS. *Ardea minuta.* Lin. Pl. enl. 223.

Le plus petit des *Hérons*.... De la grosseur d'un *Râle*.... Le dessus de la tête, du dos, les ailes et la queue noirs à reflets verdâtres.... Tout le reste roux mêlé de blanc.... Bec et pieds verdâtres.

10. LE BUTOR. *Ardea stellaris.* Lin. Pl. enl. 789.

Presque aussi grand que le *Héron*.... Ses jambes plus courtes, son corps plus renforcé.... Les plumes du cou très-amples et très-longues.... Brun fauve traversé par des taches noirâtres.

11. LE BIHORREAU. *Ardea nycticorax.* Lin. Pl. enl. 758 le mâle et 759 la femelle.

Taille moyenne.... Cou moins long.... Corps plus épais.... Le dessus de la tête et du corps noir changeant en verd.... Ailes et queue cendré clair.... Gorge, poitrine et ventre blancs.... Aigrette attachée à l'occiput, composée de six à douze plumes roulées les unes dans les autres, que l'oiseau sépare à volonté ou réunit en une seule.... La femelle est parfaitement semblable au mâle, et n'en peut être distinguée que par l'ouverture du corps.... La Pl. enl. 759 de Buffon, et tout ce qu'il dit de la femelle *tom. VII, pag.* 437, ne peut lui convenir. Pic. *Mém. de Stockh.*

Tous les Hérons sont erratiques.

LES POULES D'EAU.

Bec droit, court et pointu.... Front nu couvert d'une membrane épaisse.... Doigts bordés de membranes qui ne s'étendent pas d'un doigt à l'autre.

1. LA POULE d'eau. *Fulica chloropus.* Lin. Pl. enl. 877.

De la grosseur d'un demi-Poulet.... Tête, gorge cou et poitrine noirâtres.... Taches blanches sur les flancs.... Brun olivâtre par-dessus.... Le front rouge foncé, bec de même, jaunâtre à sa pointe.... Pieds verdâtres.... Genouillères rouges.

2. LA POULETTE d'eau. *Fulica fusca.* Lin.

Grande à peu près comme la *Poule d'eau*, elle en diffère peu.... Le dessus brun olivâtre.... Le dessous cendré.... Bord de l'aile blanc.... Front jaunâtre.... Bec et pieds verd d'olive.

3. LA FOULQUE. *Fulica atra.* Lin. Pl. enl. 197.

Comparable à une *Poule* ordinaire.... Plumage uniforme noir plombé.... Aile bordée de blanc.... Membranes des doigts festonnées.

§. VIII.

OISEAUX NAGEURS,

OU

PALMIPÈDES.

Jambes et cuisses courtes, placées en arrière..... Doigts réunis par des membranes ou aplatis.... Plumage épais, duvet serré.

LES GREBES.

Corps alongé.... Renflé en devant, déprimé en arrière.... Bec droit et pointu.... Touffe de plumes effilées au lieu de queue.... Pieds aplatis.... Doigts lobés.... Ongles larges et plats.

1. LE GRÈBE. Pl. enl. 941.
Grand oiseau.... Le dessus brun lustré.... Blanc brillant satiné par-dessous.

2. LE GRÈBE au long bec. Pic. Pyrén. Pl. XXV.
Taille moyenne.... Brun par-dessus, grisâtre en dessous.... Cou et poitrine roux.... Gorge et joues blanches avec des lignes brunes.... Bec long comprimé par les côtés. Pic. *Mém. de Stockh. et Encycl. méth.*

* 3. LE GRÈBE montagnard. Pic. Pyrén. Pl. XXVI.
Le plus petit des *Grèbes*.... Brun reflétant le verd.... Gorge et cou mordoré.... Coins du bec recouverts d'une membrane blanc verdâtre.... Derrière du tarse découpé en scie. Pic. *Mém. de Stockh.* et *Encycl. méth.*

4. LE CASTAGNEUX. *Colymbus fluviatilis*. Lin.
Un peu plus fort que le *Grèbe montagnard*.... Brun sombre par-dessus, blanc argenté par-dessous.

LES PLONGEONS.

Pieds entièrement palmés..... Bec droit.... Aigu..... Queue ordinaire.

1. LE GRAND PLONGEON. *Colymbus immer.* Lin. Briss. tom. VI, pag. 105. Pl. 10. Fig. 1.

Presque aussi grand qu'une *Oie*..... Brun par-dessus..... Blanc argenté par-dessous..... Bande transversale noirâtre sur les côtés du cou.

2. LE PETIT PLONGEON. Pl. enl. 992.

Moins grand que le précédent..... Cendré par-dessus avec des lignes blanches..... D'un beau blanc par-dessous.

LES HIRONDELLES DE MER.

Bec long, droit, pointu, comprimé sur les côtés.... Jambes courtes..... Pieds petits..... Queue fourchue..... Ailes très-longues.

1. LE PIERRE-GARIN. *Sterna hirundo.* Lin. Pl. enl. 987.

Tête noire..... Dessus du corps gris clair..... Le reste d'un blanc éclatant..... Bec et pieds rouges. C'est la plus grande du genre, arrive au printemps.

2. LA PETITE HIRONDELLE de mer. *Sterna minuta.* Lin. Pl. enl. 996.

A peine plus grosse qu'une *Alouette*..... Front blanc..... Tête noire..... Dessus du corps cendré..... Tout le reste blanc..... Bec et pieds jaunes.

3. L'ÉPOUVANTAIL ou GUIFFETE noire. *Sterna fissipes.* Lin. Pl. enl. 333.

Presque de la grosseur d'une *Grive*..... Le bas ventre et les dessous de la queue blancs..... Tout le reste d'un cendré plus ou moins rembruni..... Bec noir..... Pieds noirs mêlés de rouge..... Membranes qui unissent les doigts, moins étendues que dans les autres espèces.

Les

Les Hirondelles de mer *font des incursions fort avant sur nos rivières, au printemps et en automne.*

LES GOELANDS.

Bec lisse alongé, aplati sur les côtés.... Mandibule supérieure crochue à son extrémité ; inférieure avec un angle saillant près la pointe.... Queue pleine.... Pieds hauts, doigts longs entièrement palmés.

Les Mouettes *sont plus petites que les* Goélands *et n'en diffèrent que par la grosseur.*

1. LE GOÉLAND à manteau noir. *Larus marinus.* Lin. Pl. enl. 990.

De la grandeur d'une *Oie*.... Blanc.... Dos et ailes noires.... Bec et pieds jaunes.... Bec rouge en dedans.

2. LE GOÉLAND à manteau gris. Pl. enl. 253.

Moins grand que le précédent.... Blanc.... Dos et ailes cendrées.... Bec jaunâtre... Pieds couleur de chair.

3. LA MOUETTE tachetée. *Larus nævius.* Lin. Pl. enl. 387.

Blanche.... Un demi-collier noir derrière le cou.... Dos cendré, ailes tachées de blanc et cendré, sur noir.... Bout de la queue noir.... Les deux pennes extérieures entièrement blanches.... Bec noir, base de la mandibule inférieure orangée.... Pieds olivâtres.

4. LA MOUETTE grise (petite). Briss. Tom. VI, pag. 173.

La tête, le cou blanc teinté de gris.... Le dos gris.... Les couvertures des ailes roussâtres, le reste blanc.... Le bout de la queue noir.... Pieds jaunes.... Bec jaune terminé de noir.

5. LA MOUETTE cendrée (petite). *Larus cinerarius.* Lin. Pl. enl. 969.

Blanche.... Dos cendré, queue blanche.... Tache brune derrière l'œil.... Bec et pieds, rouge de cinabre.

Les Goélands *et les* Mouettes *sont des oiseaux de mer. Ils remontent au printemps vers la source des rivières, et on les retrouve jusque dans l'intérieur des Pyrénées.*

LES CORMORANS.

Quatre doigts, tous réunis par une membrane.... Bec droit presque cylindrique, fort, terminé par un crochet.... Queue arrondie, pennes longues et roides.... Peau nue et expansible au haut de la gorge.

1. LE CORMORAN. *Pelecanus carbo* le mâle, *Pelecanus graculus* la femelle. Lin. Pl. enl. 927 le mâle.

Presque aussi gros que l'*Oie*.... Brun uniforme.... Membrane nue et haut de la gorge jaunâtre.... Sorte de huppe à la tête.... Quatorze pennes à la queue.... La femelle est plus petite, ses couleurs sont plus lavées, sa gorge moins sombre, sa poitrine et son ventre blancs.... Elle a douze pennes à la queue.... L'ouverture des cadavres m'a confirmé ces différences.... Pic. *Mém. de Stockh*.... N'est pas rare dans nos rivières.

LES HARLES.

Bec droit, étroit, alongé, crochu à l'extrémité.... Les deux mandibules bordées de dents de scie aiguës dirigées en arrière.

1. LE HARLE. *Mergus merganser*. Lin. Pl. enl. 951 le mâle et 953 la femelle.

Tête et panache, noir changeant.... Cou, gorge et poitrine fauve.... Dos noir.... Miroir blanc.... Queue cendrée.... Bec et pieds rouges.... La femelle est plus petite.... Tête et panache, fauve.... Le dessus du corps, gris cendré, le dessous blanc.

2. LE HARLE huppé. *Mergus serrator*. Lin. Pl. enl. 207 le mâle.

Plus petit que le précédent.... Huppe longue tombant en arrière, violet changeant, ainsi que la tête.... Le cou, la poitrine variés de blanc, noir et roussâtre; le dessous du corps blanc.

3. LA PIETTE. *Mergus albellus*. Lin. Pl. enl. 449 le mâle et 450 la femelle.

Comparable en grosseur à la *Sarcelle*.... Tête,

huppe, gorge et cou d'un beau blanc.... Tache noire dans laquelle l'œil est placé.... Sur le derrière du cou trois bandes demi-circulaires noires.... Dos noir.... Queue étagée, cendrée... Bec et pieds, noir verdâtre... La femelle plus petite.... Point de huppe.... Tête brun marron.... Le dessus cendré brun.... Miroir verd changeant.... Le dessous blanc.... Bec noir, pieds plombés.

Nous ne voyons des Harles *que dans les hivers rigoureux.*

LES OIES.

Bec dentelé convexe en dessus, aplati en dessous, onguiculé, obtus, aussi épais que large.

1. LE CYGNE sauvage. *Anas cygnus, ferus.* Lin. Edw. Ois. Pl. 150.

Le plus grand, le plus fort, le plus élégant des oiseaux nageurs.... Blanc de neige.... Base du bec nue, jaune, bout noir.... Pieds noirs.... Ne s'avancent que dans les hivers rudes vers nos contrées méridionales.

Le chant mélodieux du Cygne sauvage *n'est plus une fiction.* Mongez *a fait des observations* à Chantilly, *qui ne laissent plus de doute. J'ai décrit les organes de la voix de ce Cygne.* Il résulte de la *conformation singulière de la trachée-artère, et du bréchet du* Cygne sauvage, *et sur-tout de la comparaison de ces parties essentielles avec celles du* Cygne domestique, *que celui-ci ne saurait chanter, et qu'ils sont nécessairement d'espèce différente.* Mém. de l'Adém. de Toul. tom. IV.

La trachée-artère du *Cygne sauvage.* Pic. Pyrén. Pl. XXVII.

Le sternum du *Cygne sauvage*, et celui du *Cygne domestique.* Pic. Pyrén. Pl. XXVIII.

2. L'OIE sauvage. *Anas anser.* Lin. Pl. enl. 985.

——— domestique. *Var.*

Cendré brun.... Bas ventre blanc.... Bec orangé, bout noir.... Pieds orangés.... Passent en troupes.

LES CANARDS.

Bec dentelé convexe en dessus, aplati en dessous, onguiculé, obtus; plus large qu'épais.

1. LE CANARD sauvage. *Anas boschas.* Lin. Pl. enl. 776 le mâle et 777 la femelle.

——— domestique. *Var.*

Tête et haut du cou, verd changeant.... Bas du cou, poitrine et dos marron.... Ventre gris.... Croupion noir changeant.... Miroir violet, verd doré.... Quatre pennes intermédiaires de l'aile recourbées à leur pointe.... Bec gris, pieds orangés.

La femelle est plus petite.... Fauve tachée de brun.... Les pennes des ailes cendrées.

J'ai observé deux variétés remarquables dans les femelles de cette espèce, 1.° à large collier blanc au bas du cou, ventre blanc; 2.° fauve brun uniforme sans tache.

2. LE CANARD siffleur. *Anas penelope.* Lin. Pl. enl. 825.

Moins grand que le *Canard domestique*.... Front et dessus de tête jaune.... Cou marron tacheté de noir.... Poitrine vineuse.... Ventre blanc.... Dos et flancs rayés en zigzags de lignes noir et blanc.... Queue aiguë noire.... Miroir bleu changeant.... Bec et pieds plombés.... La femelle, grise.... Tete, gorge et cou roussâtre taché de noir.... Poitrine et ventre blancs.

3. LE CHIPEAU. *Anas strepera.* Lin. Pl. enl. 958.

Presque aussi gros que le *Canard domestique*.... Tête et cou, gris à petites taches noires.... Cou et poitrine à taches noires entourées de demi-cercles blancs.... Dos brun et flancs gris rayés de noir.... Miroir roux, noir et blanc.... Bec noir.... Pieds orangés.... La femelle brune par-dessus avec des taches roussâtres.... Point de raies en dessous.

4. LE SOUCHET. *Anas clypeata.* Lin. Pl. enl. 971, le mâle et 972 la femelle.

Bec spatulé.... Miroir bleu, divisé en deux par

une raie blanche..., La femelle a le plumage de la *Canne sauvage.*

5. LE CANARD à longue queue. *Anas acuta.* Lin. Pl. enl. 954.

Forme svelte.... Cou long et grêle ; queue fourchue.... La femelle diffère beaucoup du mâle par le plumage.

6. LE MILOUIN. *Anas ferina.* Lin. Pl. enl. 805.

Forme courte et ramassée.... Tête et cou mordoré.... Poitrine marron.... Queue brune.... Tout le reste rayé à petits zigzags de gris blanc et de brun.... Les Auteurs ne parlent point de la femelle.... Son plumage est très-différent.... La tête grise.... Le cou et la poitrine annelés alternativement de roux et de brun.... Le dessus et les flancs gris ponctués de noir.

7. LE GARROT. *Anas clangula.* Lin. Pl. enl. 802.

Plus petit, plus renforcé que le *Canard domestique*.... Le bec très-court.... La tête hérissonnée, verd noir changeant.... Le dos et la queue noirs.... La gorge et le ventre blancs.... Bec noir.... Pieds orangés, iris doré.... Tache blanche entre l'œil et le bec.... Tout ce qui est noir dans le mâle est brun dans la femelle.... Point de tache près l'œil.... Le reste est cendré.

8. LE MORILLON. *Anas glaucion.* Lin. Pl. enl. 1001.

Moins gros que le *Milouin*.... Huppe détachée sur le derrière de la tête (dans le mâle).... Poitrine et ventre blancs.... Le reste noir violet changeant.... Bec et pieds noirs.

9. LA SARCELLE (grande). *Anas querquedula.* Lin. Pl. enl. 946 le mâle.

Connue très-improprement sous le nom de *Sarcelle commune*.... De la grosseur d'une *Perdrix rouge*.... Le dessus de la tête, le menton et le bec noirs.... Deux larges bandes blanches entourent les yeux, et vont se réunir à l'occiput.... La gorge, le cou roussâtres avec des lignes blanches.... La poitrine plus brune avec des lignes transversales noires.... Ventre blanc....

Miroir verd doré entre deux bandes blanches.... Pieds plombés.... La femelle plus petite.... Variée de gris et de brun.

10. LA SARCELLE commune. *Anas crecca.* LIN. Pl. enl. 947 la petite Sarcelle.

Plus petite que la précédente.... La tête et le cou marron brun.... Le derrière de l'œil verd doré encadré de blanc.... Miroir verd doré entre deux bandes noires, dessous et dessus.... Bec noir, pieds plombés.... Femelle brune mêlé de roussâtre.

Cette espèce nombreuse ne quitte jamais nos campagnes.

Les Canards *arrivent chez nous à l'approche de l'hiver. Ils sont plus communs lorsque le froid est très-vif. Le* Canard sauvage *passe l'été sur les lacs de nos montagnes, et y élève ses petits. On croit que les mâles dans cette famille perdent les couleurs vives de leur plumage après les amours, et en prennent un à peu près semblable à celui de leurs femelles.*

FIN.

www.ingramcontent.com/pod-product-compliance
Ingram Content Group UK Ltd.
Pitfield, Milton Keynes, MK11 3LW, UK
UKHW022129170726
13837UKWH00003B/1441